COSAS ASQUEROSAS

PARÁSITOS ASQUEROSOS

Un libro de Las Ramas de Crabtree

Julie K. Lundgren
Traducción de Santiago Ochoa

CRABTREE
Publishing Company
www.crabtreebooks.com

Apoyos de la escuela a los hogares para cuidadores y maestros

Este libro de gran interés está diseñado con temas atractivos para motivar a los estudiantes, a la vez que fomenta la fluidez, el vocabulario y el interés por la lectura. Las siguientes son algunas preguntas y actividades que ayudarán al lector a desarrollar sus habilidades de comprensión.

Antes de leer:

- *¿De qué creo que trata este libro?*
- *¿Qué sé sobre este tema?*
- *¿Qué quiero aprender sobre este tema?*
- *¿Por qué estoy leyendo este libro?*

Durante la lectura:

- *Me pregunto por qué...*
- *Tengo curiosidad por saber...*
- *¿En qué se parece esto a algo que ya conozco?*
- *¿Qué he aprendido hasta ahora?*

Después de la lectura:

- *¿Qué intentaba enseñarme el autor?*
- *¿Qué detalles recuerdo?*
- *¿Cómo me han ayudado las fotografías y los pies de foto a comprender mejor el libro?*
- *Vuelvo a leer el libro y busco las palabras del vocabulario.*
- *¿Qué preguntas me quedan?*

Actividades de extensión:

- *¿Cuál fue tu parte favorita del libro? Escribe un párrafo al respecto.*
- *Haz un dibujo de lo que más te gustó del libro.*

ÍNDICE

HORRORES OCULTOS

Pasa estas páginas para descubrir un mundo oculto, repleto de pequeños salvajes. Los parásitos son formas de vida que viven dentro o sobre otro ser vivo. Roban alimentos y otros recursos, y pueden causar daños, enfermedades e incluso la muerte.

¡Un parásito espantoso! ¡No se recomienda comer mientras lees sobre parásitos!

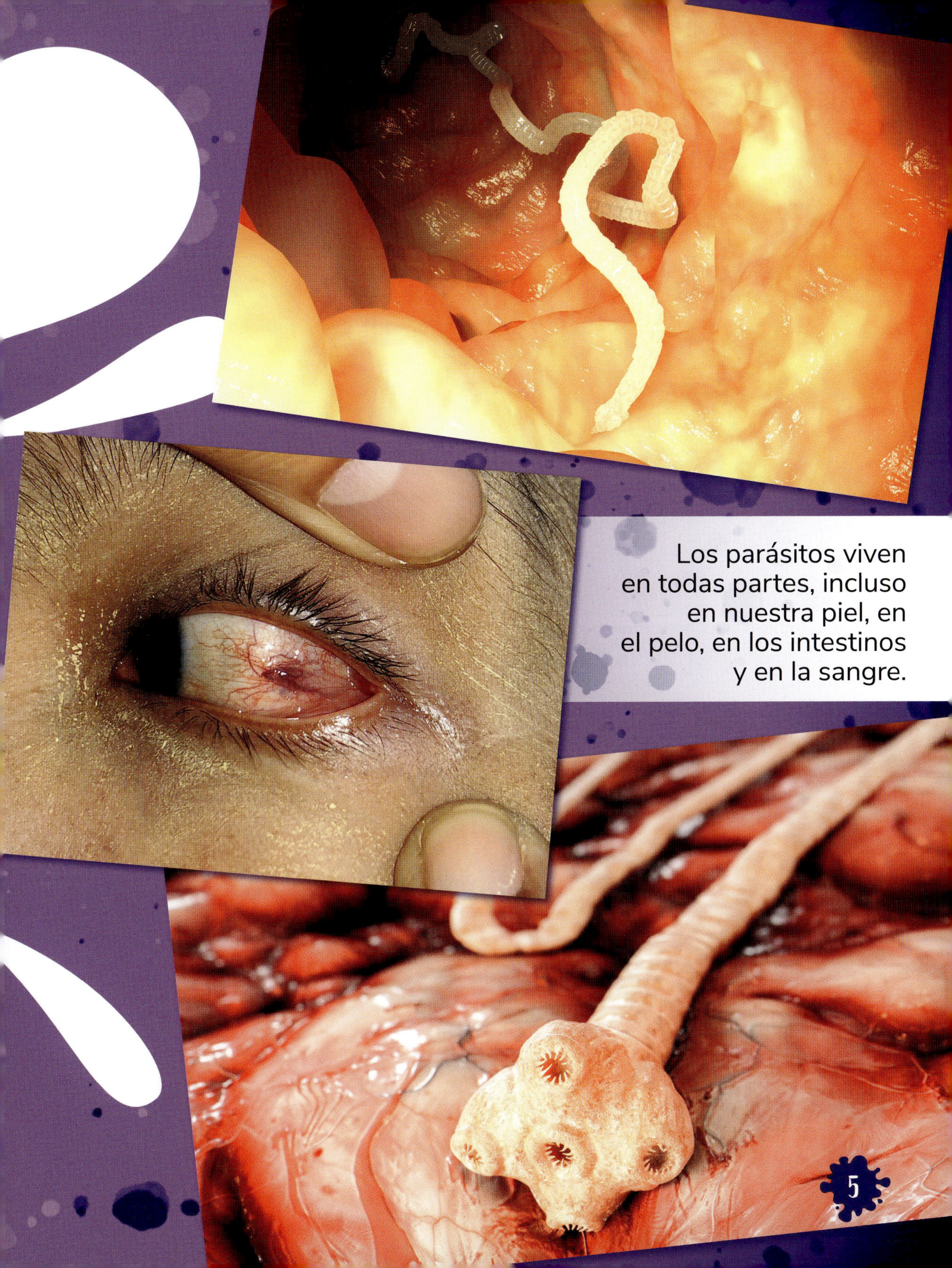

Los parásitos viven en todas partes, incluso en nuestra piel, en el pelo, en los intestinos y en la sangre.

Algunos parásitos viven dentro de sus **anfitriones.** Otros viven fuera de sus anfitriones. Los parásitos pueden tener ciclos vitales simples o complejos.

Los periquitos pueden contraer cara escamosa, una enfermedad de los ácaros parásitos.

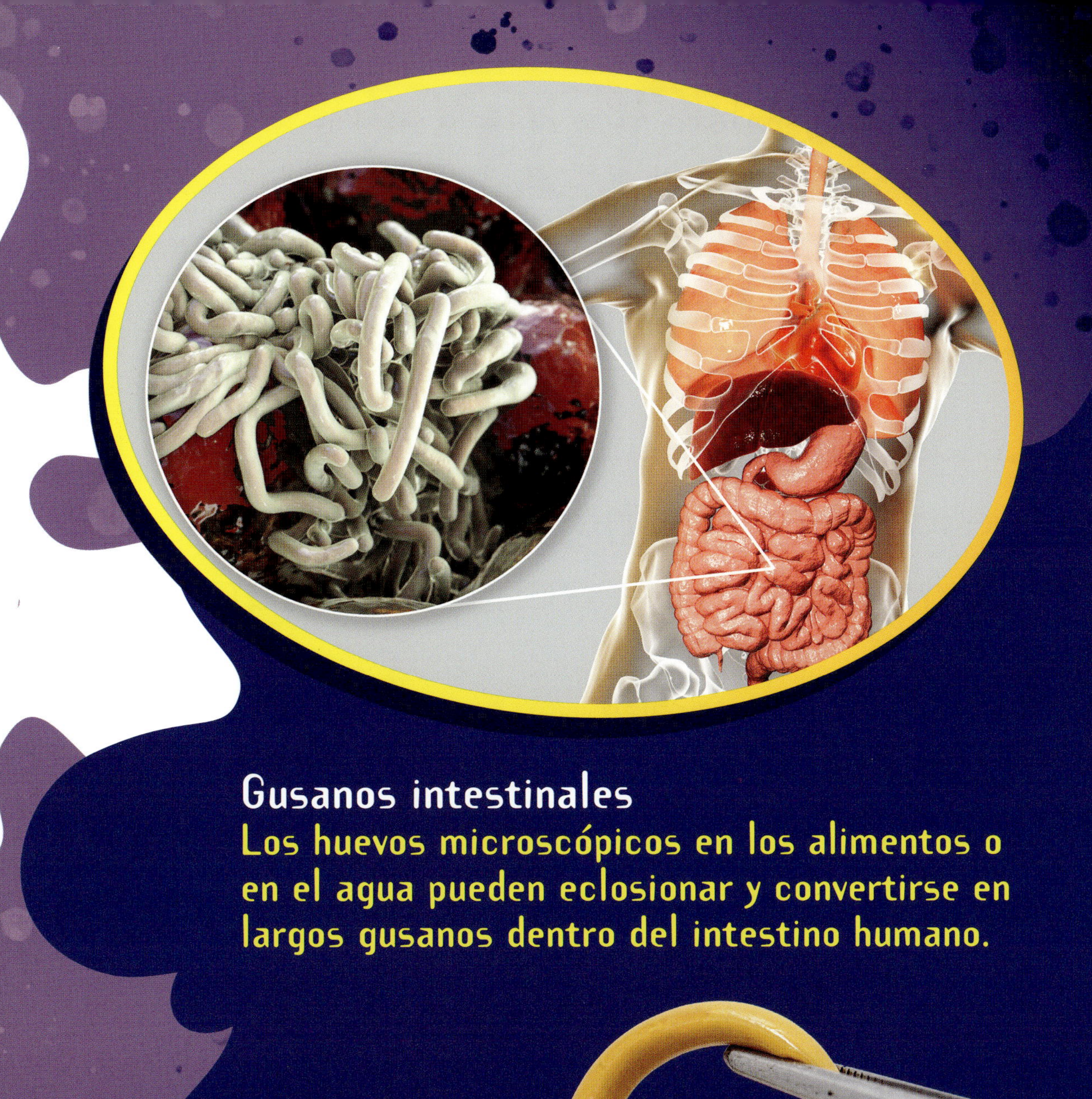

Gusanos intestinales

Los huevos microscópicos en los alimentos o en el agua pueden eclosionar y convertirse en largos gusanos dentro del intestino humano.

INVITADOS NO DESEADOS

Los parásitos utilizan a los animales y a las personas **hospederas** como alimento, hogar y transporte gratuitos.

Los animales se acicalan a sí mismos y entre sí para eliminar los parásitos del pelaje y las plumas.

¡No son bienvenidos!

Los piojos de la cabeza se escabullen en el cuero cabelludo humano, sobre todo detrás de las orejas y en la nuca, donde la temperatura es más cálida. Toman sangre, crecen y ponen **liendres**. Las liendres eclosionan en una semana aproximadamente. Expulsa rápidamente a estos comunes e irritantes bichos con un champú especial y un peine fino.

A veces las personas se contagian con los parásitos de sus mascotas. Los perros y los gatos pueden ser portadores de anquilostomas, parásitos que están en sus intestinos y en la caca. Las personas se convierten en hospederas cuando tienen contacto con tierra o caca infectada.

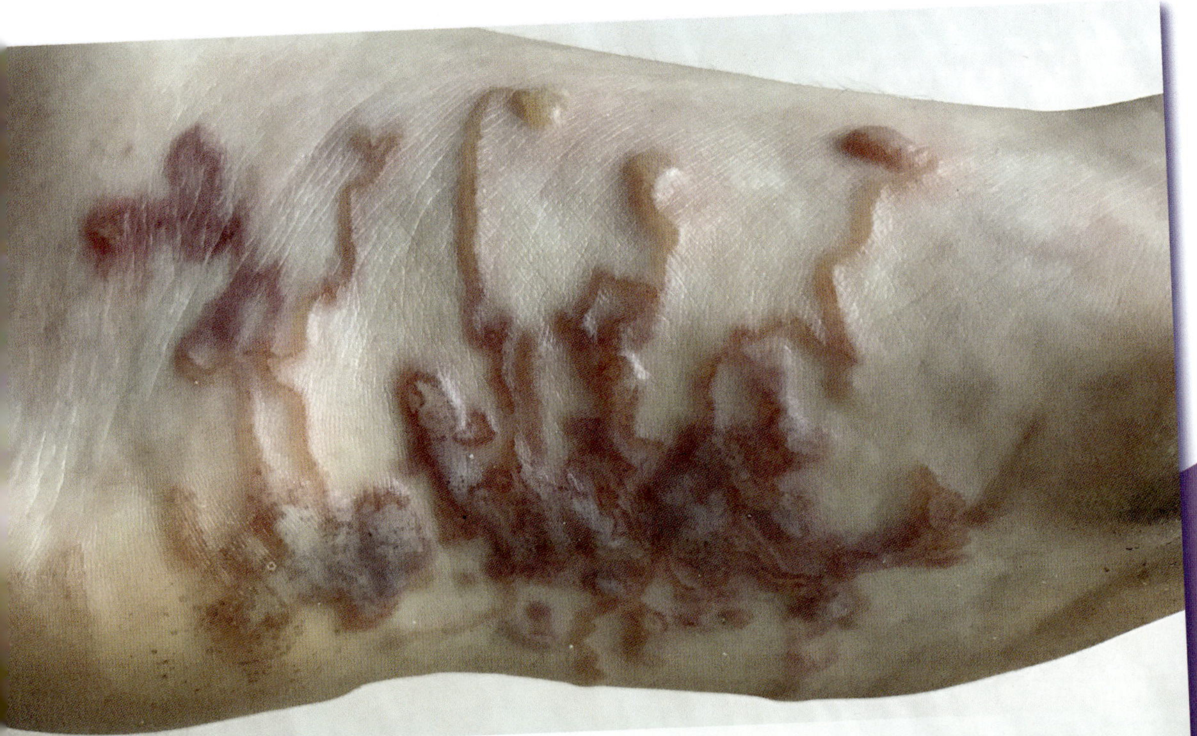

Caminar descalzo por la playa o el patio trasero puede provocar una infestación de anquilostomas.

Larva migrans
(infección por anquilostoma)

¡Un buen consejo!
Echa la caca de tu mascota en una bolsa de inmediato y luego lávate las manos.

1. Uuuuups...

2. Por favor, no me dejes.

3. Cubre tu mano con la bolsa.

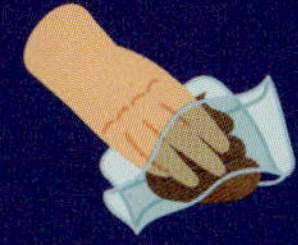

4. Recoge la caca.

5. ¡Tarán!

Los ácaros excavan en la piel para alimentarse y poner huevos. Causan una erupción roja que pica y supura. Los ácaros se propagan fácilmente de una persona a otra.

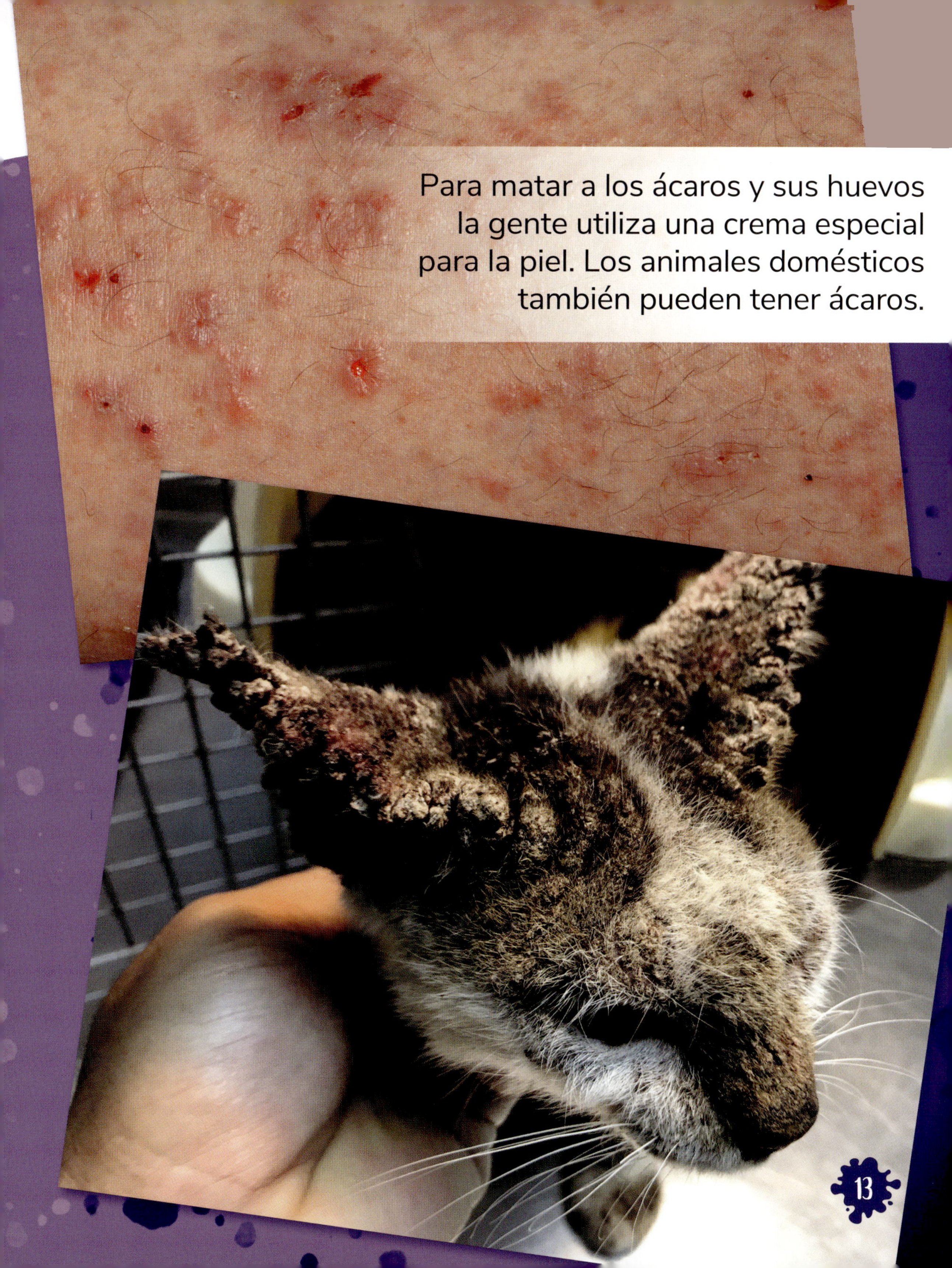

Para matar a los ácaros y sus huevos la gente utiliza una crema especial para la piel. Los animales domésticos también pueden tener ácaros.

Los peces también son portadores de parásitos. El piojo come lenguas se adhiere a la lengua de los peces. Con el tiempo sustituye a la lengua y se alimenta de la sangre y la **mucosidad** de los peces.

El piojo come-lenguas infesta las bocas de los peces que comemos, como los pargos rojos.

Primos espeluznantes

Los piojos come lenguas están emparentados con los cangrejos, los camarones y las langostas.

Algunos parásitos solo hacen daño a ciertos hospederos. La **giardia** vive en el agua y el suelo. Infesta a muchos animales sin causar mucho daño. Las personas, sin embargo, sufren vómitos, **diarrea** y gases.

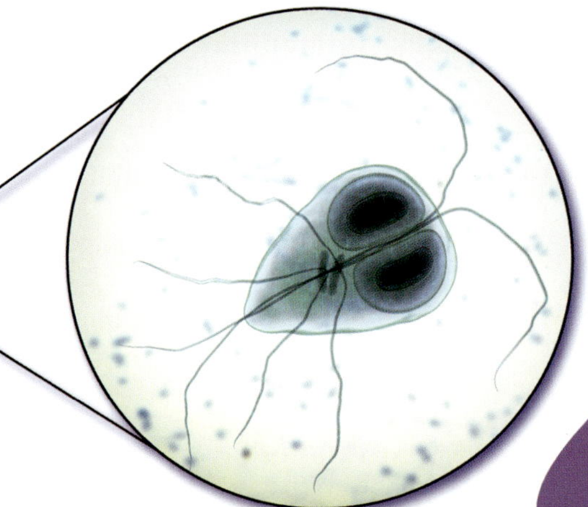

Los castores, el ganado, los perros y los gatos son portadores del tipo de giardia que enferma a la gente.

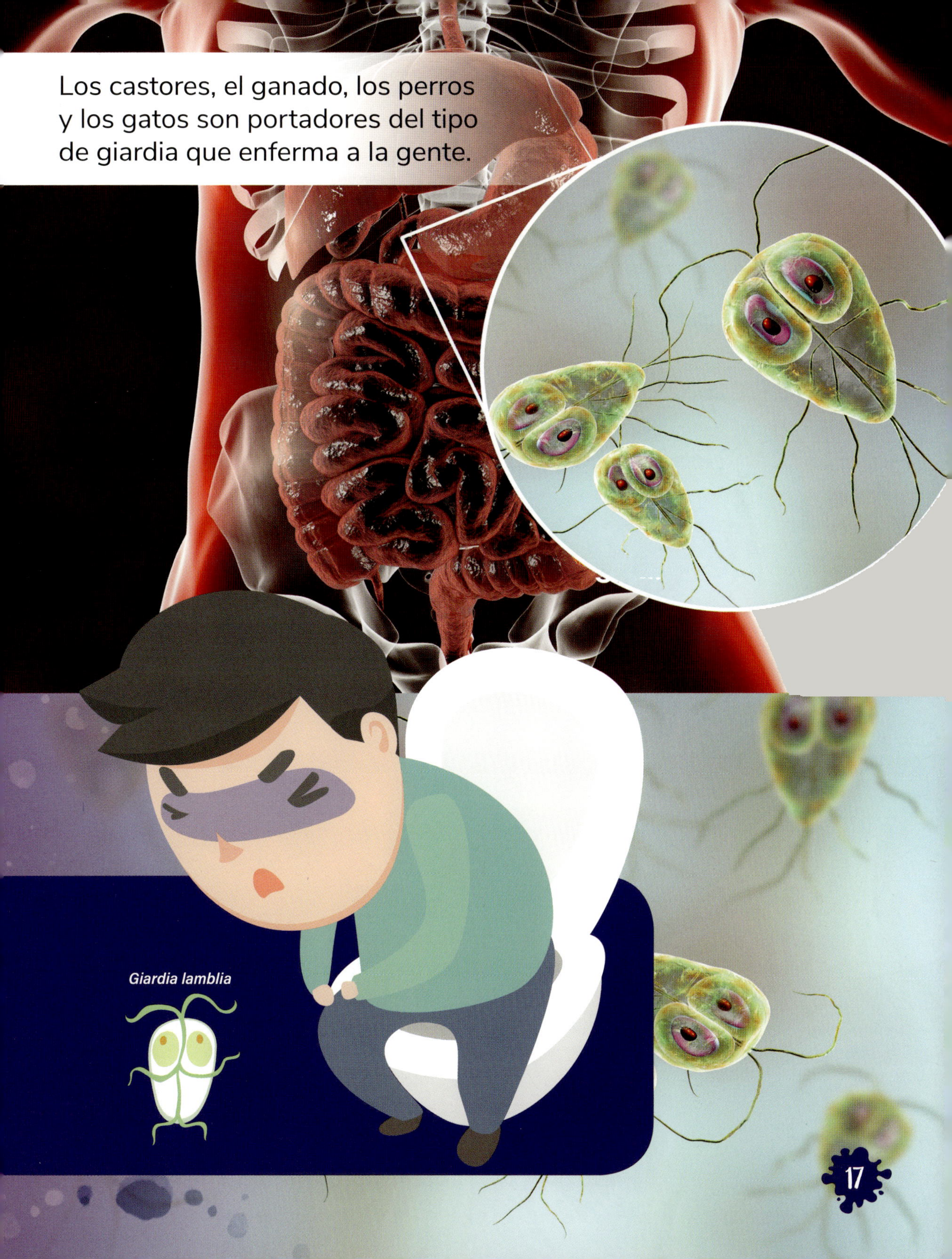

CONTROL DE LA MENTE

¿Sabías que ciertos parásitos pueden causar cambios en el cerebro, convirtiendo a sus hospederos en zombis?

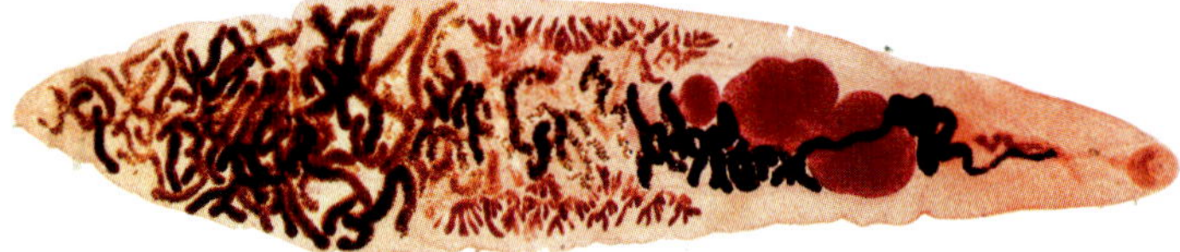

Caracoles que tosen, babas vivas, hormigas zombis y vacas despistadas son todos víctimas de la duela pequeña del hígado.

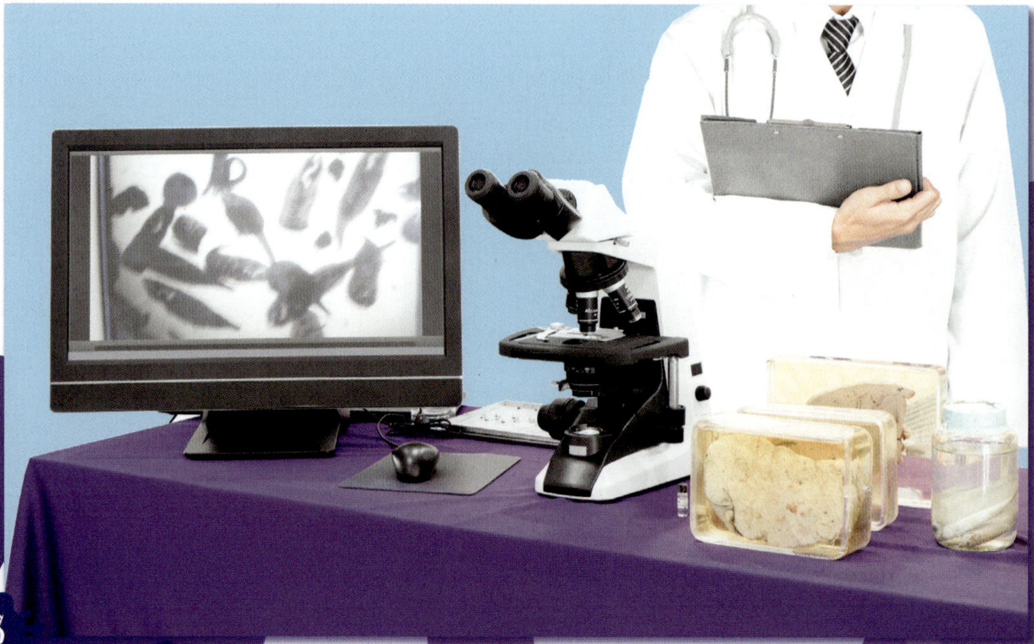

No te tomes la baba

Las **duelas** viven en los caracoles. Los caracoles expulsan mucosidad que contiene **larvas** de duelas. Las larvas se apoderan del cerebro de las hormigas sedientas. Por la noche, las hormigas infestadas trepan por las hojas de hierba y se quedan paralizadas. Durante el día, las hormigas se comportan normalmente. Esto se repite diariamente hasta que son devoradas por el hospedero principal: ¡las vacas! Las vacas defecan huevos de duelas, que se convierten en meriendas para los caracoles.

Los gusanos del cerebro infestan a su hospedero principal: El ciervo de cola blanca. Esto pasa cuando los ciervos comen accidentalmente caracoles infectados mientras pastan. Aunque no es un problema para los ciervos, este parásito es un problema desagradable para los alces.

No hay cura para un alce infectado con gusanos del cerebro.

La locura de los alces

Los gusanos del cerebro hacen un túnel y destruyen los cerebros de los alces. Los alces infectados dejan de comer, tienen problemas para caminar y mueren en pocas semanas. Quienes cuidan la fauna silvestre trabajan para prevenir la propagación de este parásito.

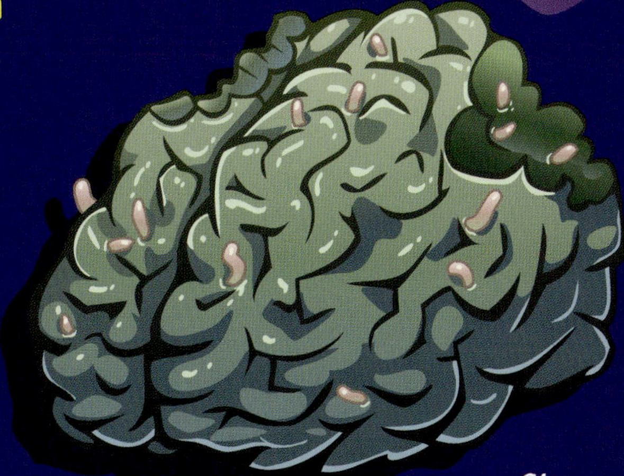

COMIDAS SANGRIENTAS

Muchos parásitos se alimentan de sangre. Las garrapatas utilizan un par de piezas bucales afiladas para cavar y engancharse en la piel del hospedero. La garrapata también utiliza estas partes como popote para chupar la sangre.

Un gran número de garrapatas pueden causar suficiente pérdida de sangre para debilitar a un animal.

Más primos espeluznantes

Las garrapatas y los ácaros tienen ocho patas y están emparentados con las arañas, pero no con los insectos.

Muchos tipos de **mosquitos** y de moscas que pican solamente se alimentan de sangre. Los animales de piel dura siguen teniendo puntos blandos alrededor de los ojos, las orejas u otras zonas ideales para picar.

El cuerpo del mosquito se vuelve rojo cuando se llena de la sangre de su hospedero.

PORTADORES DE ENFERMEDADES

Los parásitos pueden infectar a sus hospederos con bacterias que causan enfermedades graves, como la **malaria.**

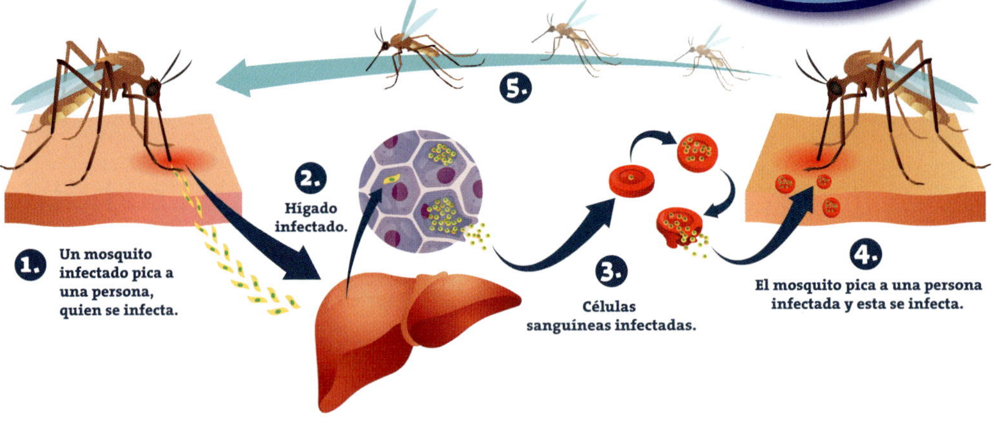

Los mosquitos causan la malaria, infectando a cientos de miles de personas cada año.

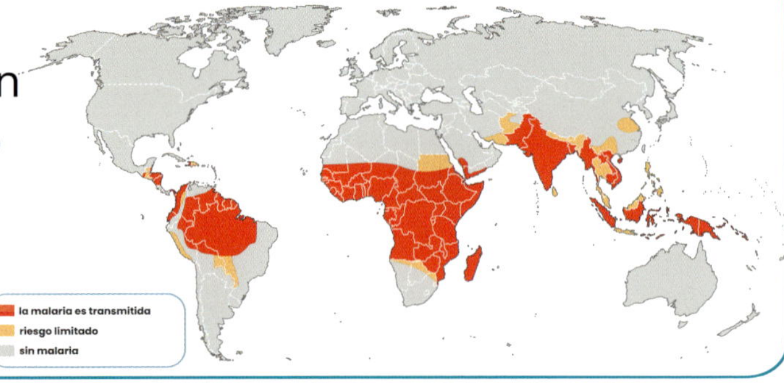

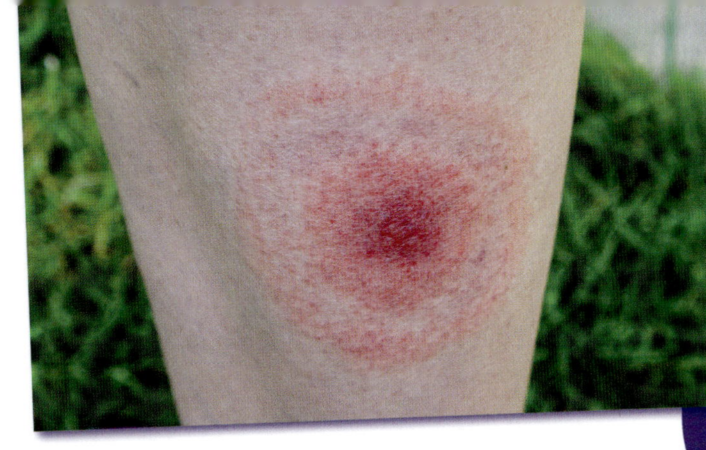

Las garrapatas de los ciervos pueden infectar a sus hospederos con la **bacteria** que causa la enfermedad de Lyme. La bacteria puede causar debilidad, fiebre, sarpullido, dolor de cabeza y problemas en las articulaciones.

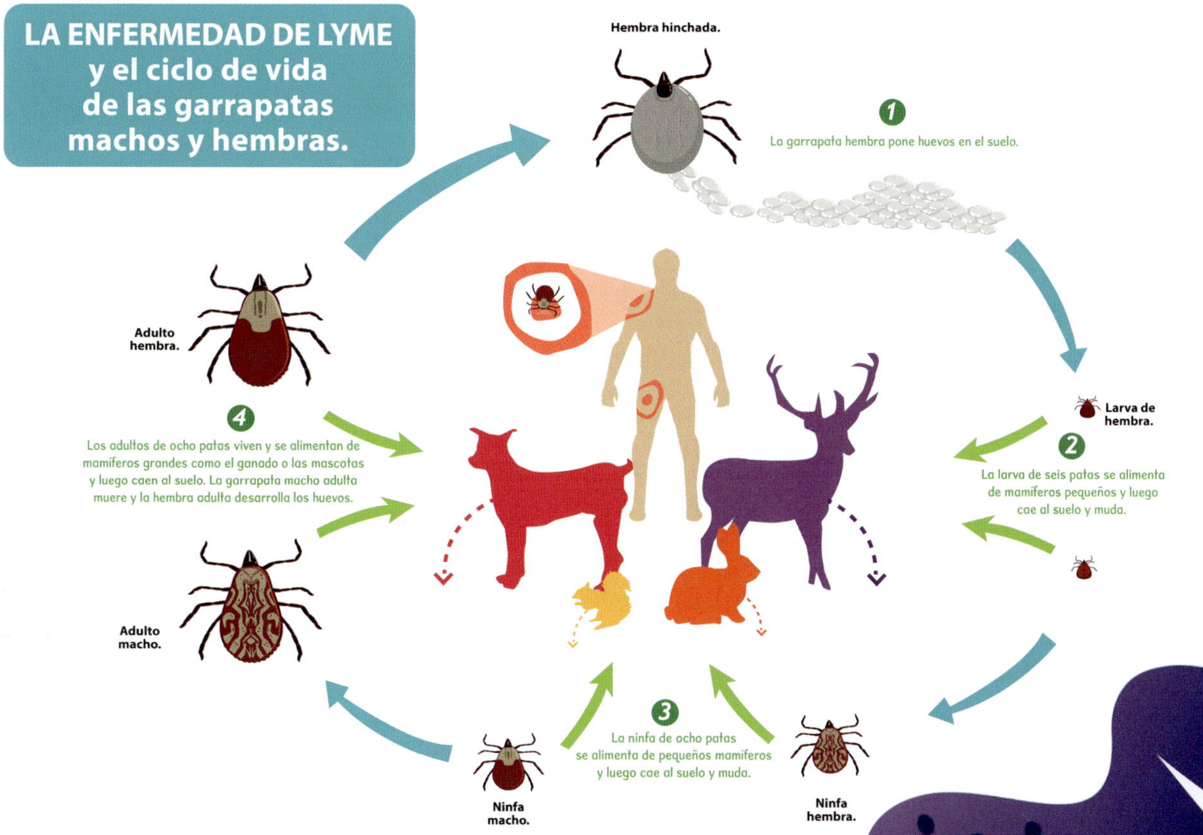

LA ENFERMEDAD DE LYME y el ciclo de vida de las garrapatas machos y hembras.

Hembra hinchada.

1 La garrapata hembra pone huevos en el suelo.

Larva de hembra.

2 La larva de seis patas se alimenta de mamíferos pequeños y luego cae al suelo y muda.

3 La ninfa de ocho patas se alimenta de pequeños mamíferos y luego cae al suelo y muda.

Ninfa hembra.

Ninfa macho.

Adulto macho.

Adulto hembra.

4 Los adultos de ocho patas viven y se alimentan de mamíferos grandes como el ganado o las mascotas y luego caen al suelo. La garrapata macho adulta muere y la hembra adulta desarrolla los huevos.

¿Te parece que los parásitos asquerosos y repugnantes también son fascinantes? Los parasitólogos estudian los parásitos y la forma en que viven y actúan para sobrevivir. También ayudan a resolver los problemas de los parásitos. ¿Podrías hacer eso?

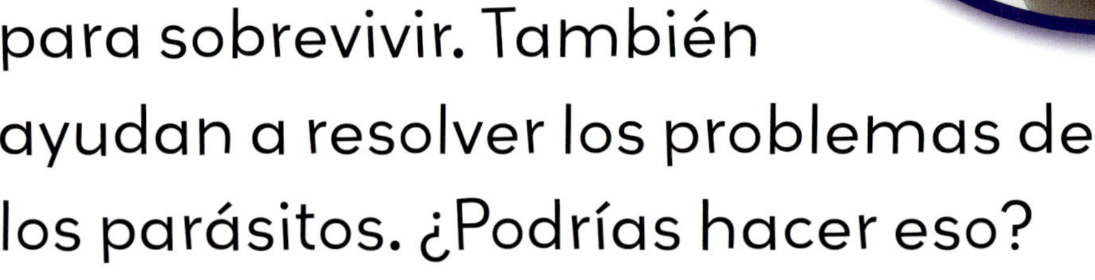

Los parasitólogos de la fauna silvestre trabajan en el campo y en el laboratorio.

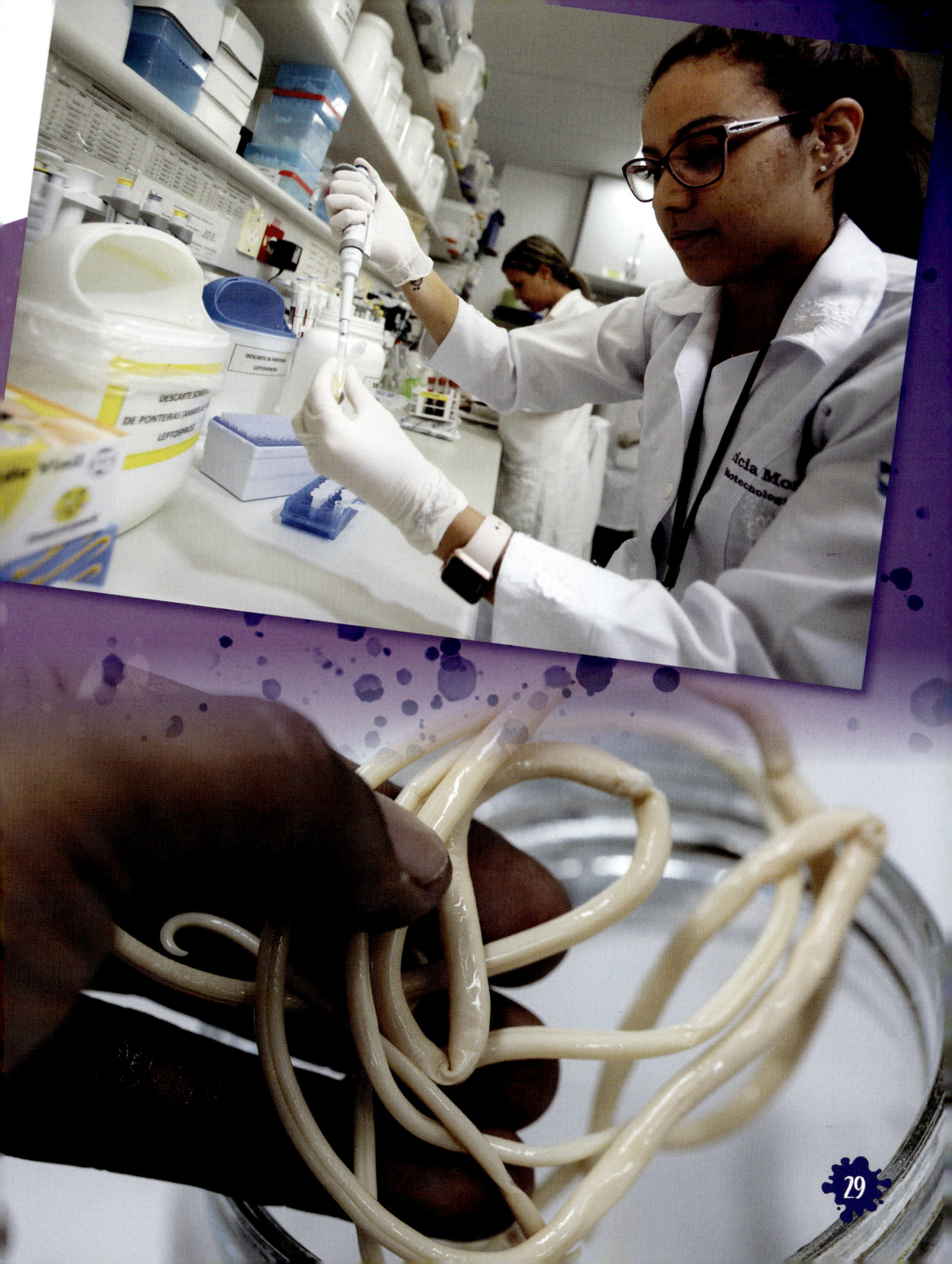

GLOSARIO

bacteria: Seres vivos microscópicos que pueden causar enfermedades.

diarrea: Caca suelta o líquida, a menudo resultado de una enfermedad.

duelas: Gusanos planos parasitarios con un ciclo vital complejo que incluye caracoles, hormigas y ganado.

giardia: Tipo común de bacteria parasitaria que se encuentra en el agua, el suelo y en los animales hospederos.

hospederos: Los animales en los que viven los parásitos, ya sea dentro o sobre de ellos.

larvas: La etapa de desarrollo entre huevo y el adulto en un ciclo de vida.

liendres: Huevos de insectos parásitos, especialmente piojos.

malaria: Enfermedad tropical que provoca fiebres, escalofríos y a veces la muerte. Es causada por una bacteria que se propaga a través de los mosquitos.

mosquitos: Insectos voladores con partes bucales afiladas como agujas, que usan para chupar la sangre.

mucosidad: Saliva o baba fabricada por el cuerpo para mantener las zonas húmedas y protegidas.

ÍNDICE ANALÍTICO

SITIOS WEB (PÁGINAS EN INGLÉS):

www.amnh.org/explore/ology/microbiology

https://kids.kiddle.co/Parasitism

www.petsandparasites.org/parasites-and-your-family

ACERCA DE LA AUTORA

Julie K. Lundgren

Julie K. Lundgren creció en la orilla norte del Lago Superior, un lugar con bosques, agua y aventura. Le encantan las abejas, las libélulas, los árboles viejos y la ciencia. Ella tiene un lugar especial en su corazón para los animales repugnantes pero geniales. Sus intereses la llevaron a obtener una licenciatura en Biología y una permanente curiosidad por los lugares salvajes.

Produced by: Blue Door Education for Crabtree Publishing
Written by: Julie K. Lundgren
Designed by: Jennifer Dydyk
Edited by: Tracy Nelson Maurer
Proofreader: Crystal Sikkens
Translation to Spanish: Santiago Ochoa
Spanish-language layout and proofread: Base Tres
Print and production coordinator: Katherine Berti

Photographs: Cover photo © narong sutinkham, Cover splat art (on cover and throughout book) © SpicyTruffel page 4 © Vit Kovalcik, page 5 (top) © Juan Gaertner, (center) © Zay Nyi Nyi, (bottom) © Crevis, page 6 bird © Vyaseleva Elena, page 7 (top) © Kateryna Kon, (bottom) © Rattiya Thongdumhyu, page 8 © Ninelro, page 9 hair photo © khunkorn, closeup of nit © SciePro, illustration © sbego, page 10 © TisforThan, page 11 illustration at top © Designua. photo © PairutPanyamano, illustrations at bottom © StockSmartStart, page 12 both images © SciePro, page 13 © (top) © Chuck Wagner, (bottom) © M. Sam, page 15 bottom photo only © Ayah Raushan, pages 16-17 all illustrations in blue box © nekoztudio, other two © Kateryna Kon, page 18 (top & in life cycle page 19) © D. Kucharski K. Kucharska, (bottom) © Suwin, page 19 snail © Violent_youth67, ants © Tuxido77, cow © WPAINTER-Std, poop © nikiteev_konstantin, page 20 © Desiree Collier, page 21 brain © Neizu, page 22 (top) © Aksenova Natalya, (bottom) © Kalcutta, page 23 (top) © Ivan Popovych, (bottom) © KPixMining, page 24 © Refluo, page 25 flying mosquitoes © Oxima, mosquito sucking blood © Aloun, page 26 petri dish © felipe caparros, mosquito infection illustration © VectorMine, map © Peteri, page 27 photo © AnastasiaKopa, illustrations © Crystal Eye Studio, page 28 (top) © Sappasit, (bottom) © Irina Kozorog, page 29 (top) Joa Souza, (bottom) © Rattiya Thongdumhyu. All images from Shutterstock.com except page 6 mite (bird parasite) © Alan R Walker https://creativecommons.org/licenses/by-sa/3.0/deed.en, pages 14-15 fish with louse in mouth and louse on spoon both images © Marco Vinci https://creativecommons.org/licenses/by-sa/3.0/deed.en, page 21 (top) © Cory Thoman | Dreamstime.com

Library and Archives Canada Cataloguing in Publication

Title: Parásitos asquerosos / Julie K. Lundgren ; traducción de Santiago Ochoa.
Other titles: Gross and disgusting parasites. Spanish
Names: Lundgren, Julie K., author. | Ochoa, Santiago, translator.
Description: Series statement: Cosas asquerosas | Translation of: Gross and disgusting parasites. | Includes index. | "Un libro de las ramas de Crabtree". | Text in Spanish.
Identifiers: Canadiana (print) 20210283513 |
Canadiana (ebook) 20210283521 |
ISBN 9781039612884 (hardcover) |
ISBN 9781039612945 (softcover) |
ISBN 9781039613003 (HTML) |
ISBN 9781039613065 (EPUB) |
ISBN 9781039613126 (read-along ebook)
Subjects: LCSH: Parasites—Juvenile literature. | LCSH: Parasites—Miscellanea—Juvenile literature. | LCSH: Parasitism—Juvenile literature. | LCSH: Parasitism—Miscellanea—Juvenile literature.
Classification: LCC QL757 .L8618 2022 | DDC j591.7/857—dc23

Library of Congress Cataloging-in-Publication Data

Names: Lundgren, Julie K., author.
Title: Parásitos asquerosos / Julie K. Lundgren ; traducción de Santiago Ochoa.
Other titles: Gross and disgusting parasites. Spanish
Description: New York : Crabtree Publishing, [2022] | Series: Cosas asquerosas - un libro de las ramas de Crabtree | Includes index.
Identifiers: LCCN 2021036962 (print) |
LCCN 2021036963 (ebook) |
ISBN 9781039612884 (hardcover) |
ISBN 9781039612945 (paperback) |
ISBN 9781039613003 (ebook) |
ISBN 9781039613065 (epub) |
ISBN 9781039613126
Subjects: LCSH: Parasites--Juvenile literature. | Parasitic diseases--Juvenile literature.
Classification: LCC QL757 .L8618 2022 (print) | LCC QL757 (ebook) | DDC 578.6/5--dc23
LC record available at https://lccn.loc.gov/2021036962
LC ebook record available at https://lccn.loc.gov/2021036963

Crabtree Publishing Company
www.crabtreebooks.com 1-800-387-7650

In Canada: We acknowledge the financial support of the Government of Canada through the Canada Book Fund for our publishing activities.

Published in the United States
Crabtree Publishing
347 Fifth Avenue
Suite 1402-145
New York, NY, 10016

Published in Canada
Crabtree Publishing
616 Welland Ave.
St. Catharines, Ontario
L2M 5V6

Printed in the U.S.A./092021/CG20210616